QUESTO LIBRO APPARTIENE A

_____

AIUTA I BAMBINI A RAGGIUNGERE LA LORO PALLA.
Segui con la matita la riga tratteggiata.

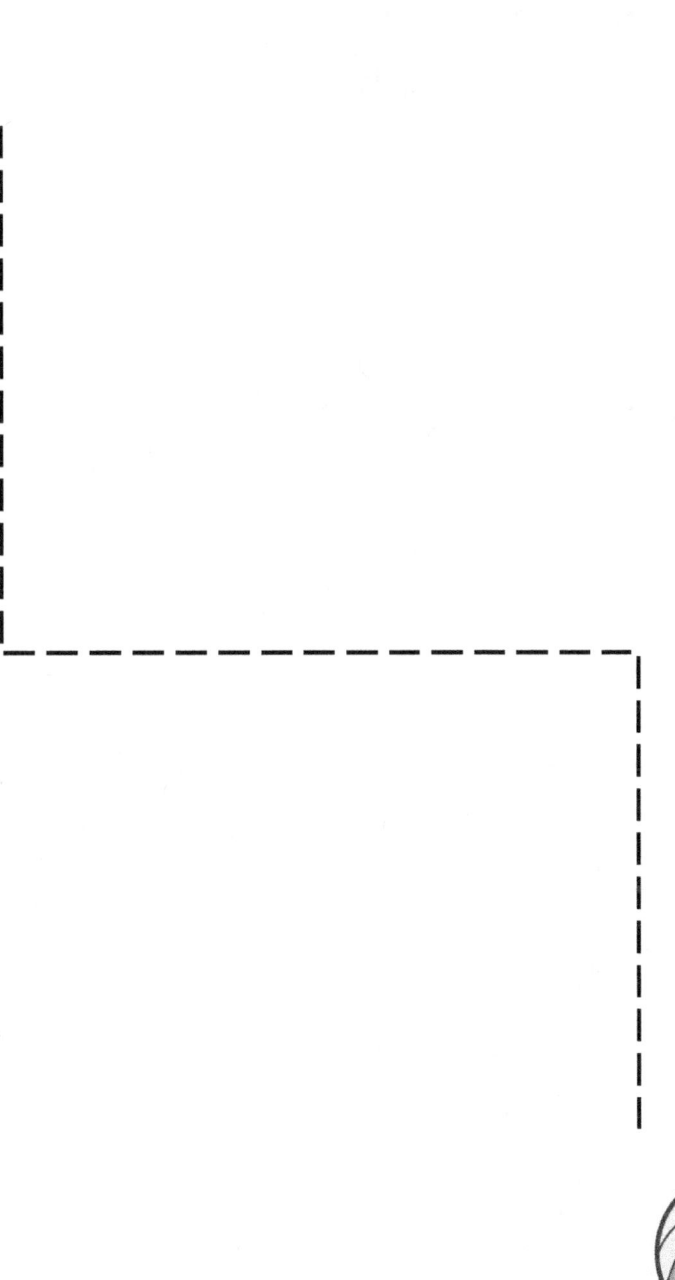

RICALCA LA LINEA TRATTEGGIATA E POI COLORA

SOLE

NUVOLA

RICALCA LA LINEA TRATTEGGIATA COME NELL'ESEMPIO

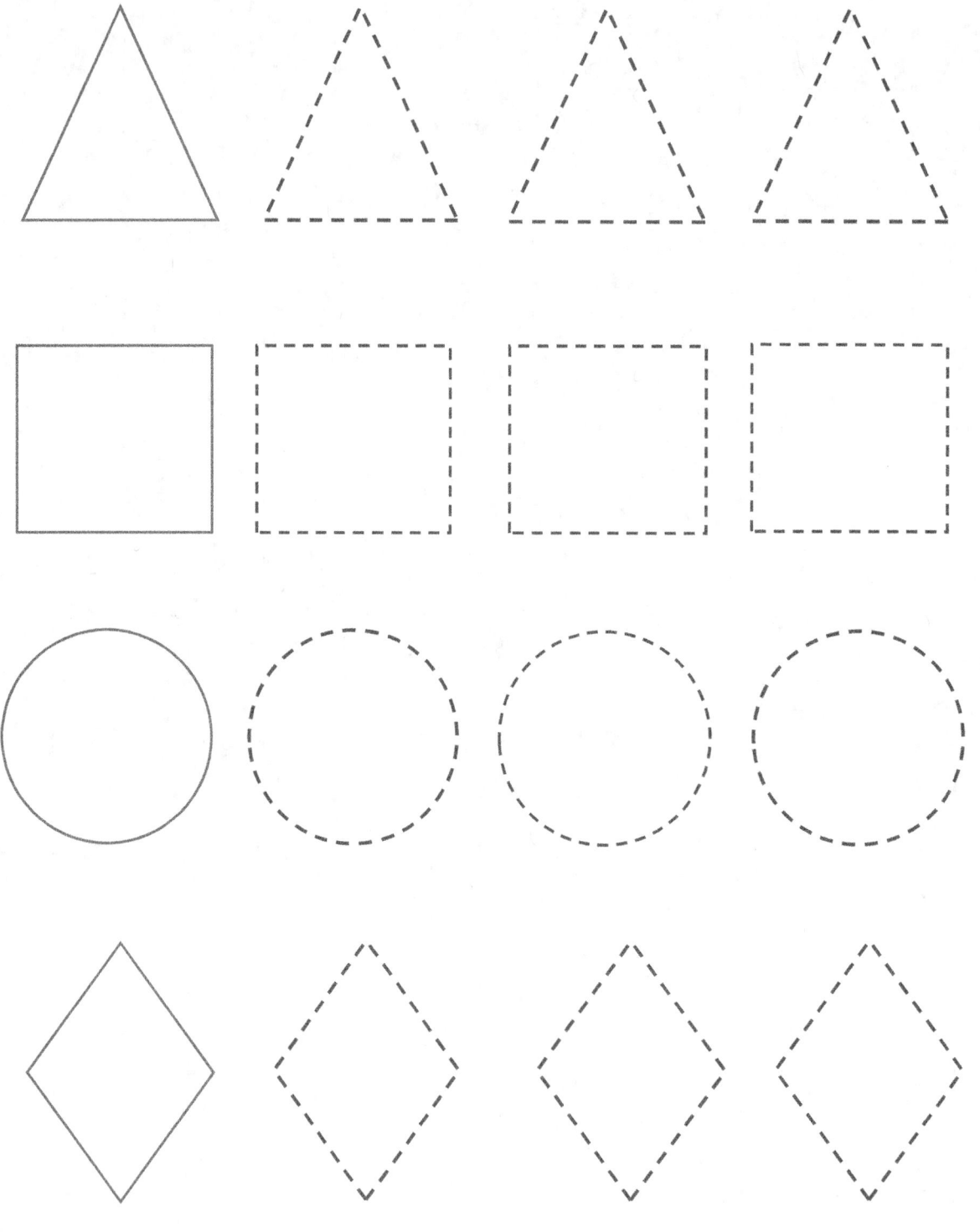

AIUTA L'APE REGINA A RAGGIUNGERE L' ALVEARE

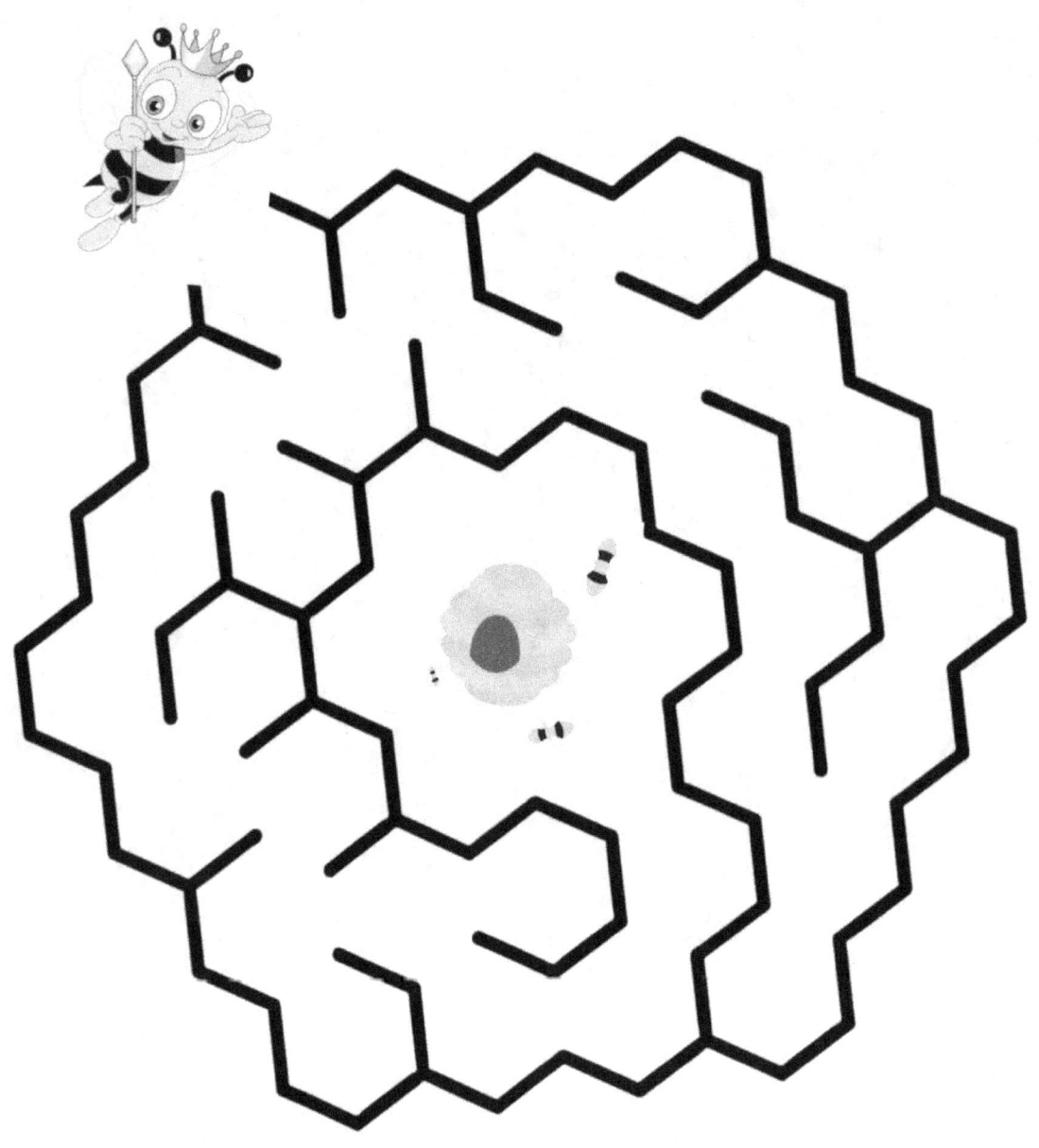

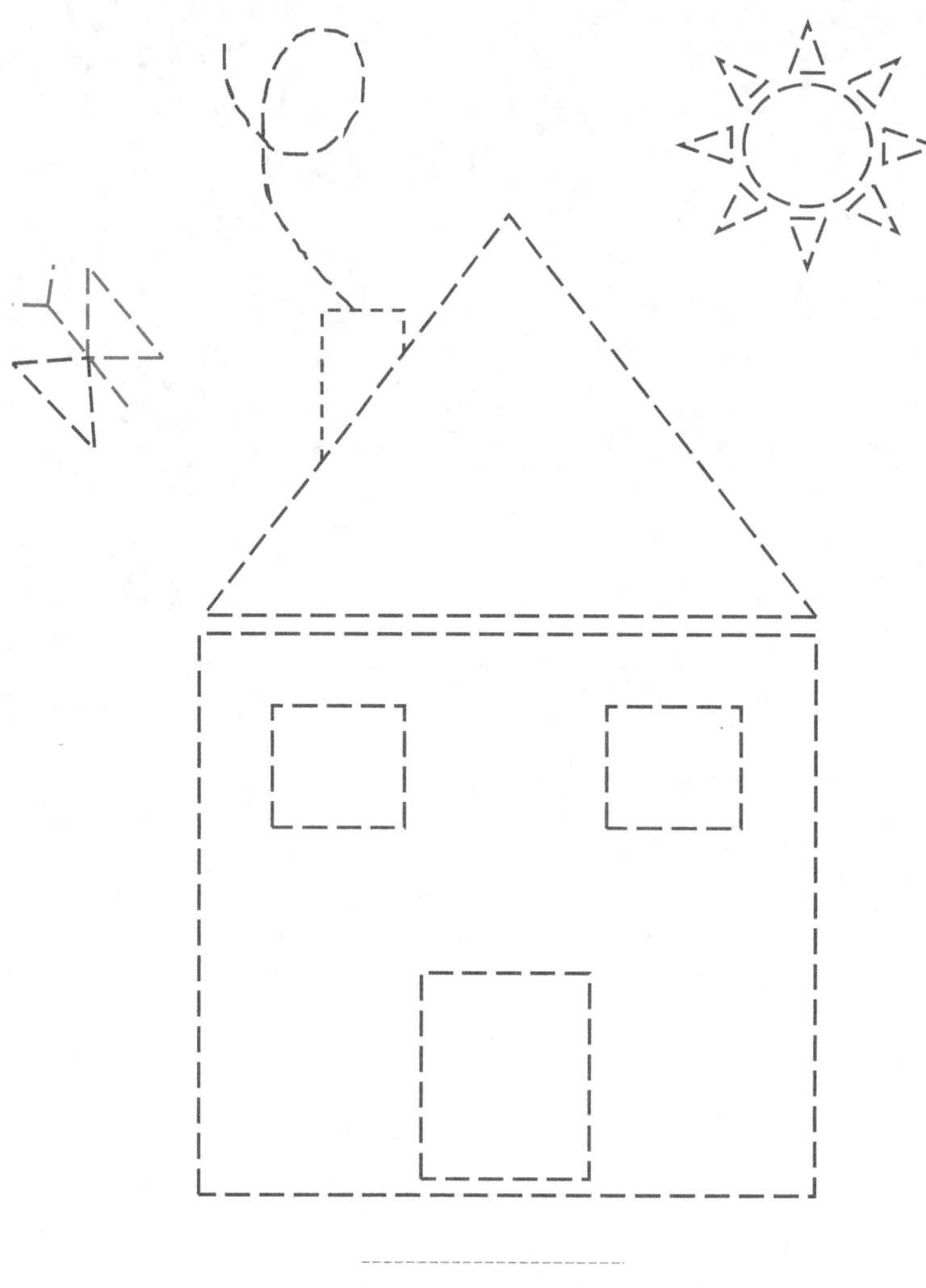

DISEGNA LA STRADA CHE LO SCUOLA BUS DEVE PERCORRERE PER PORTARE I BAMBINI A SCUOLA

LA PIOGGIA

RICALCA L'IMMAGINE E COLORA

AIUTA IL TOPOLINO A RAGGIUNGERE IL FORMAGGIO

RICALCA LE RIGHE TRATTEGGIATE PER FORMARE IL CORPO DEL BRUCO E POI COLORA

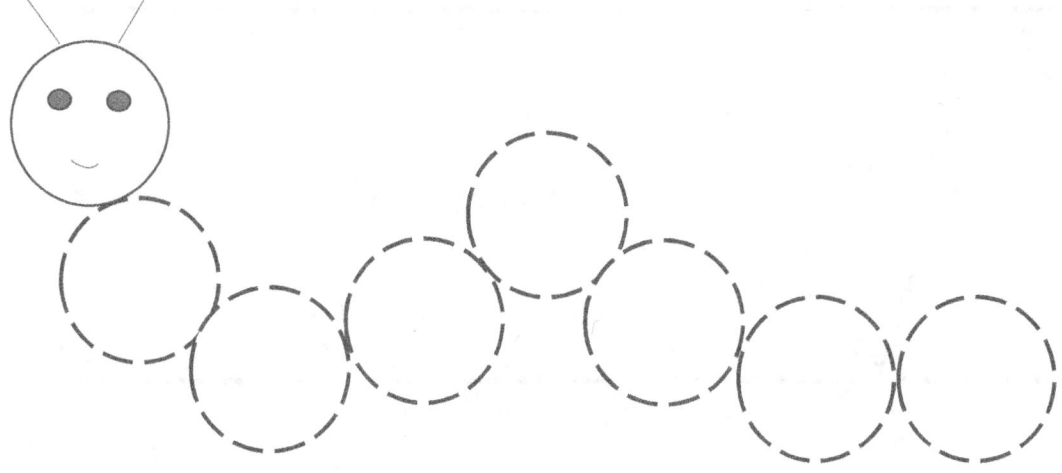

DISEGNA I CERCHI PER COMPLETARE IL CORPO DEL BRUCO

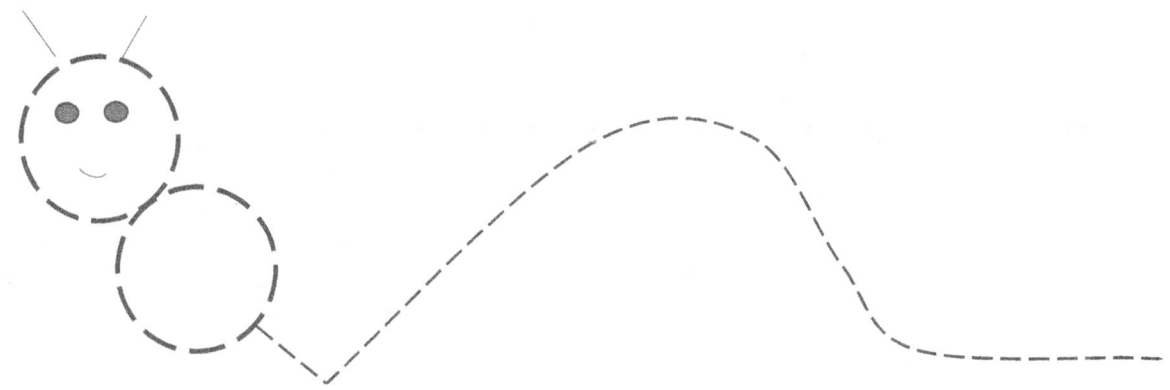

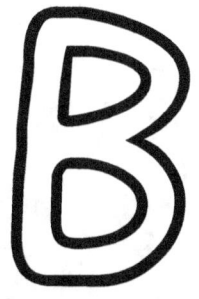  BANANA

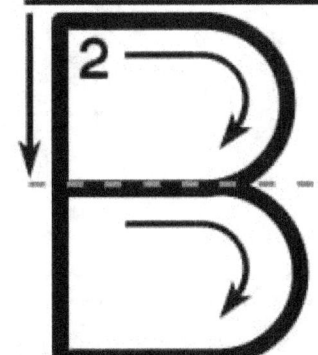

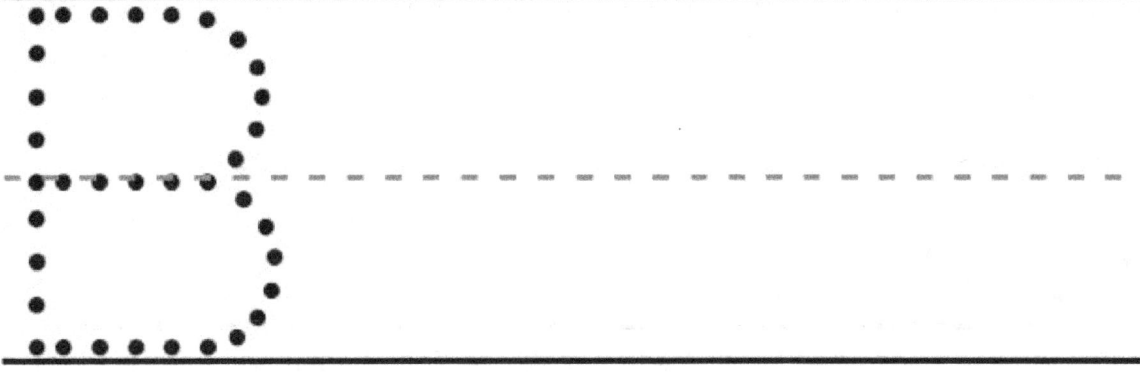

  CANE

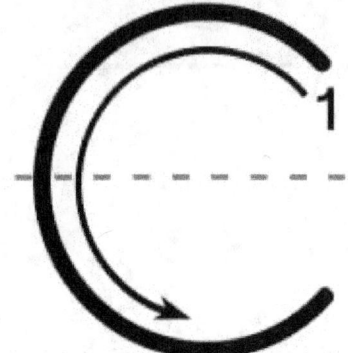

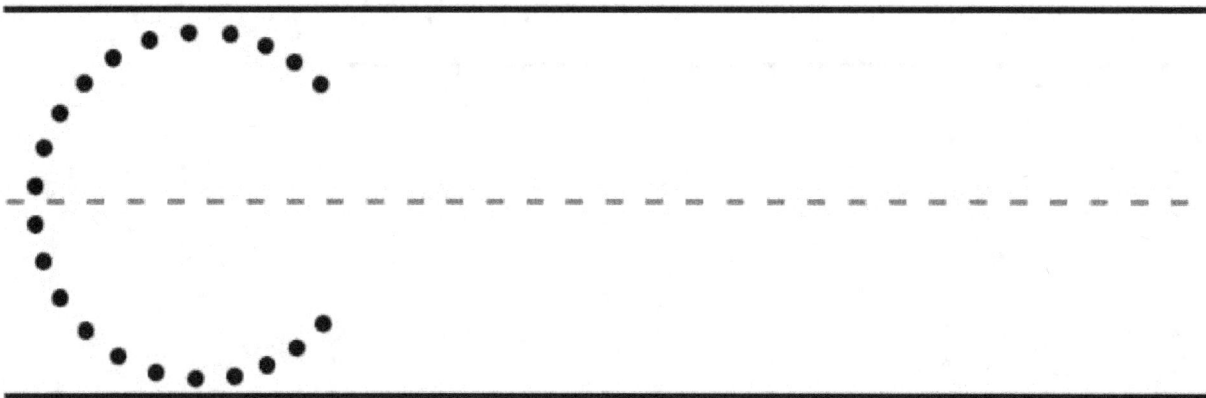

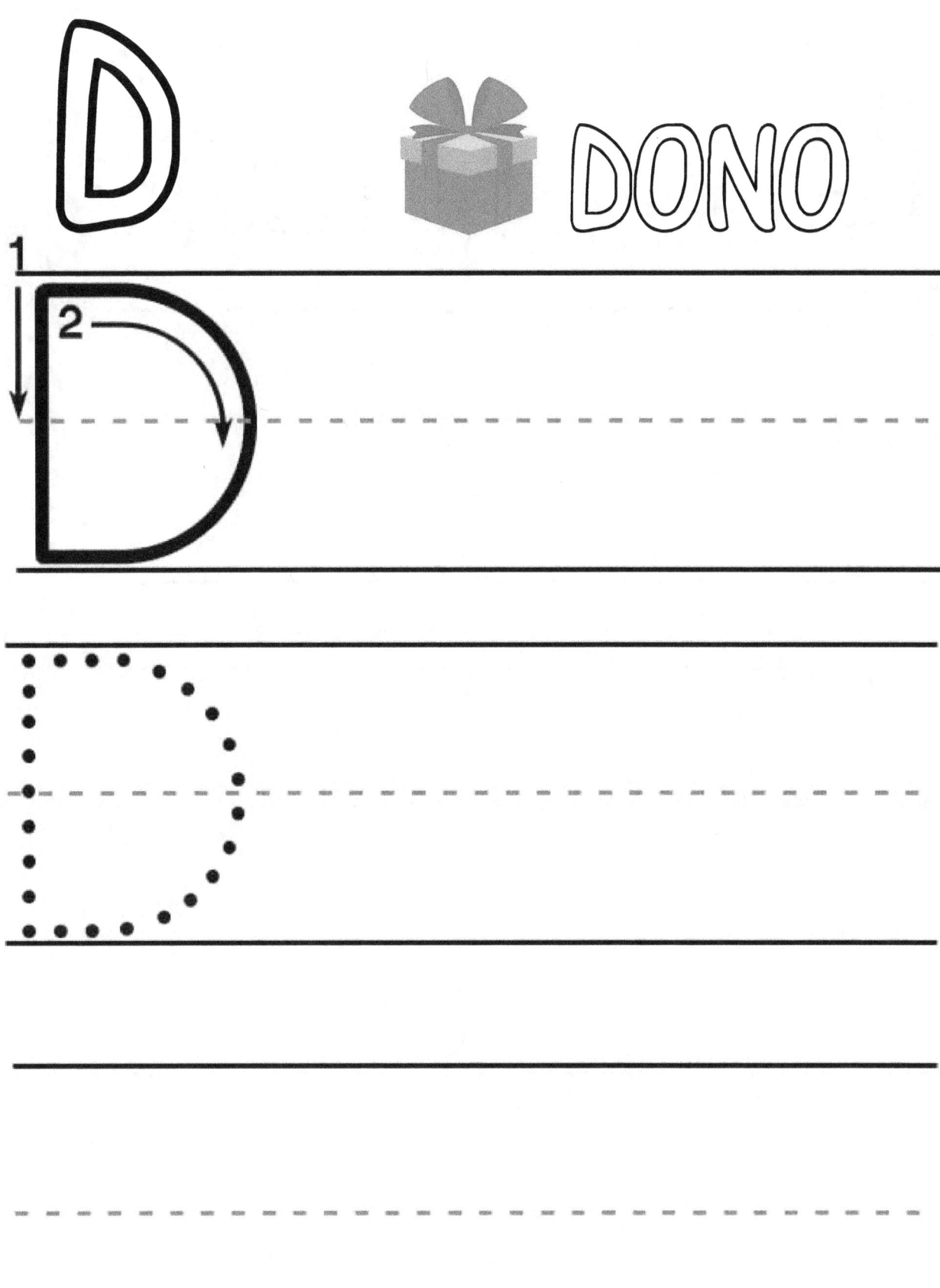

D

DONO

E

ELICA

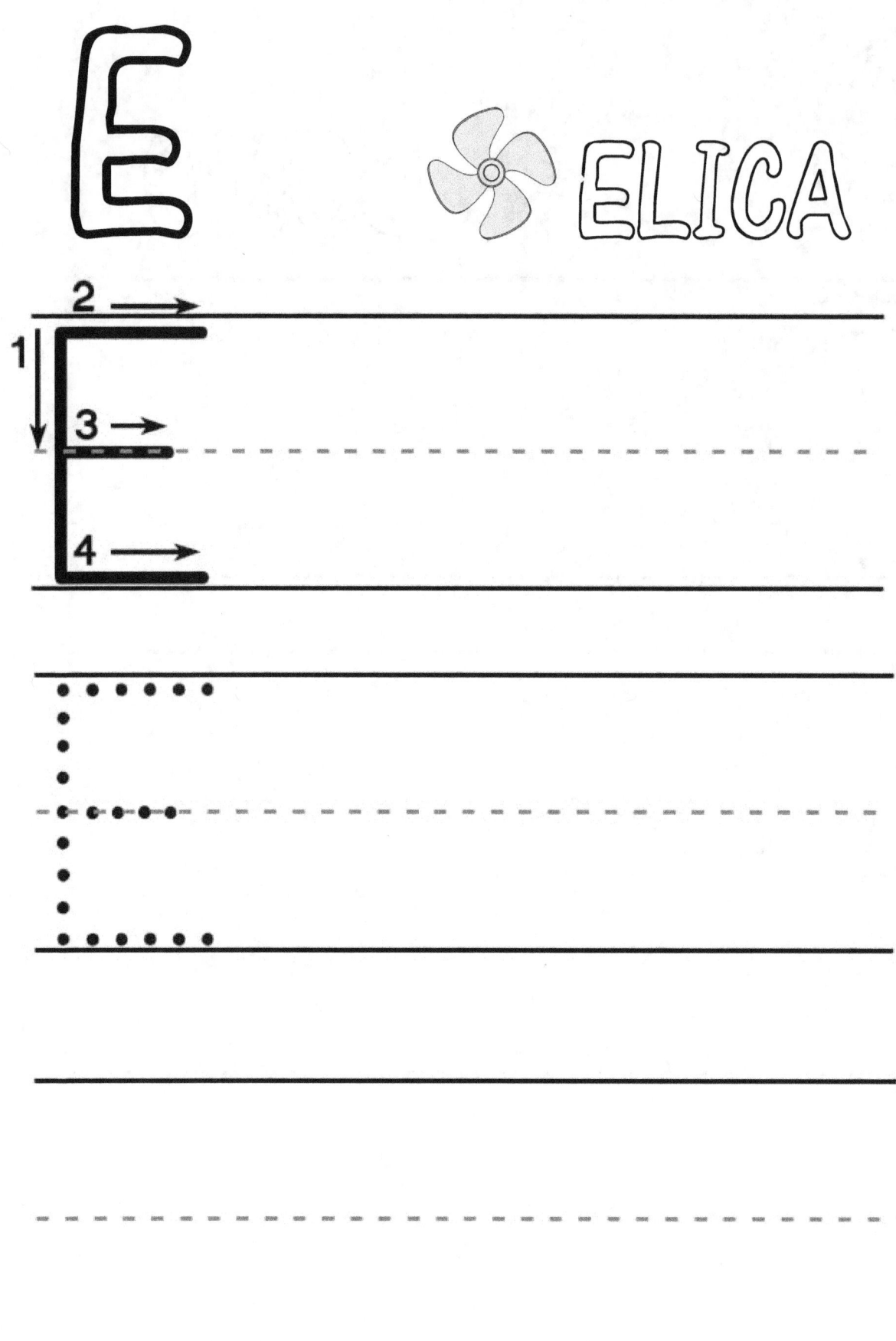

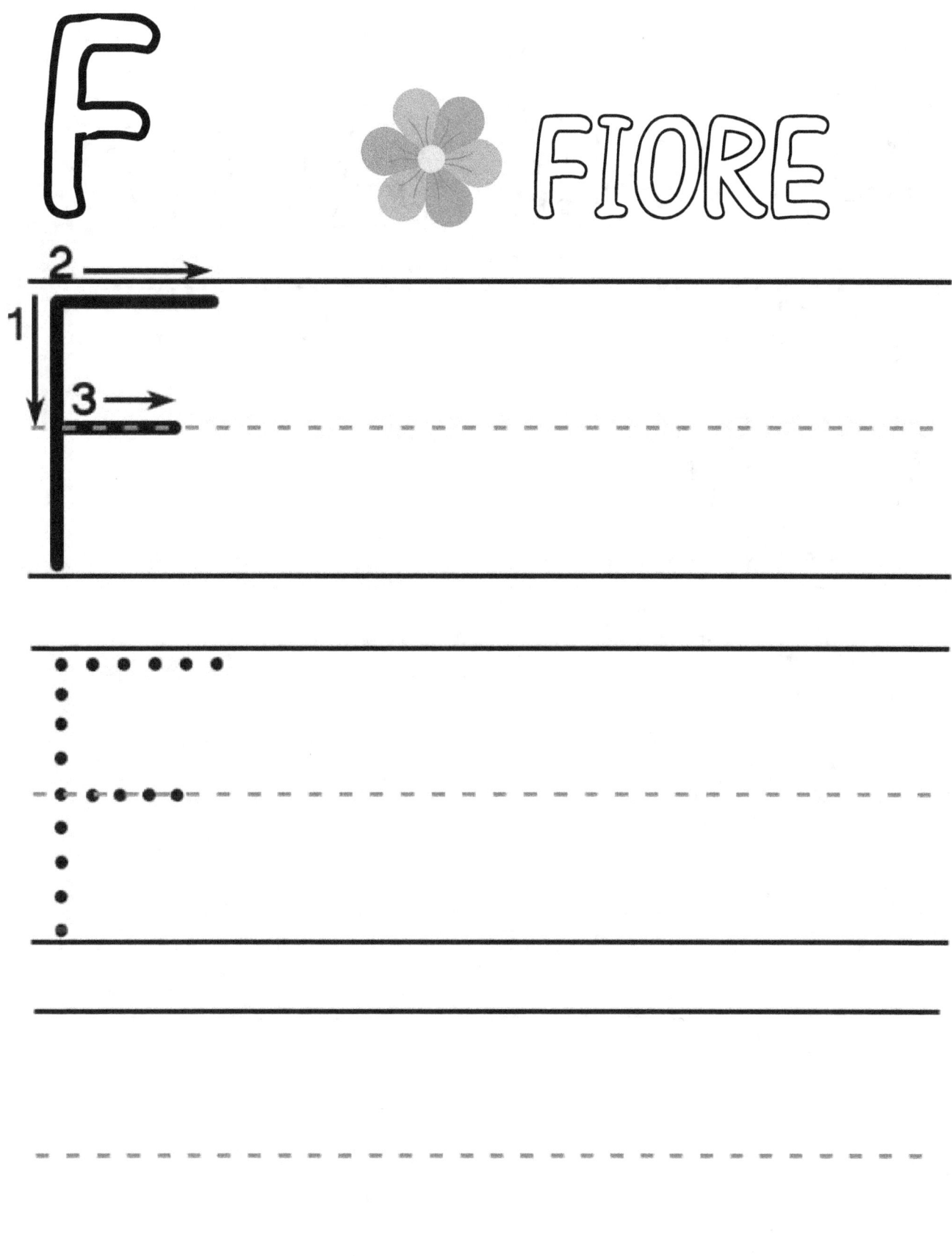

FIORE

  GATTO

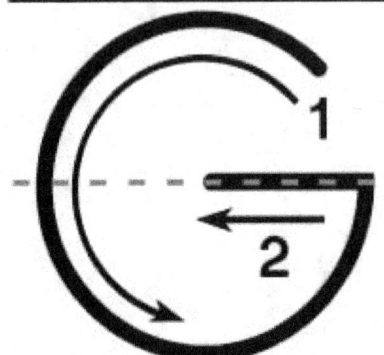

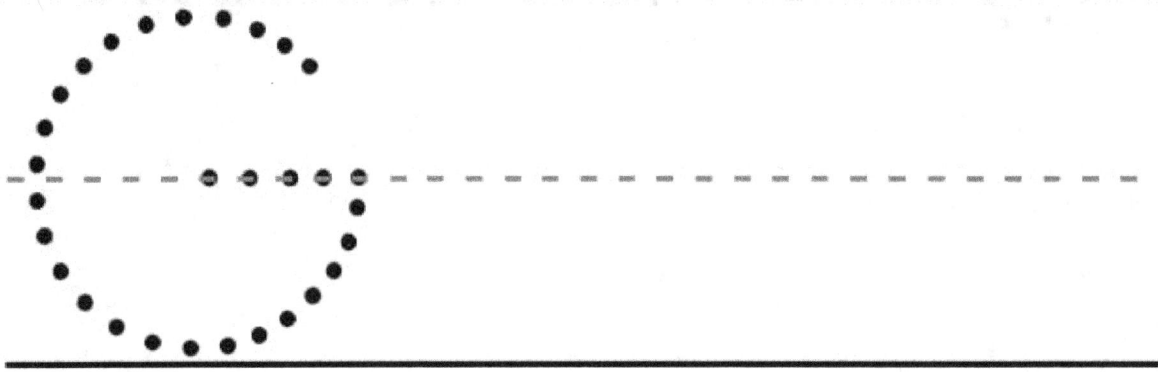

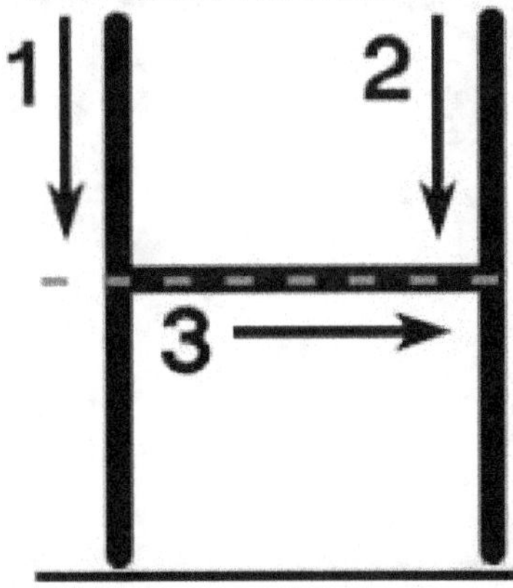

 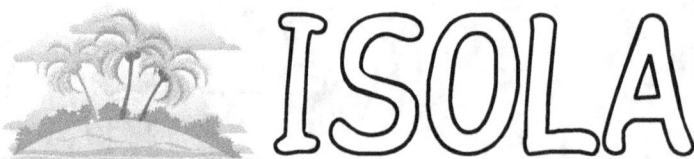 ISOLA

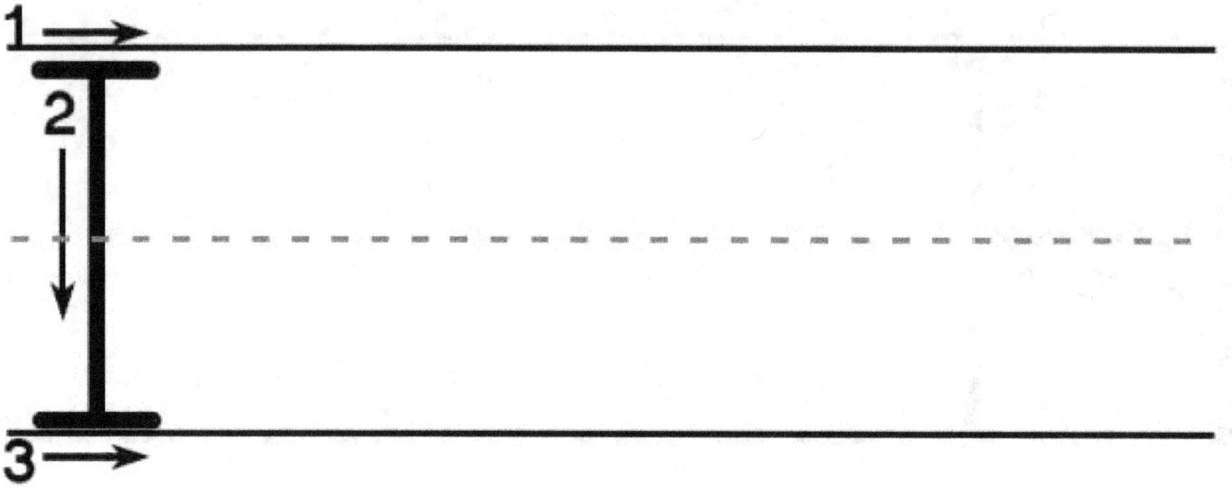

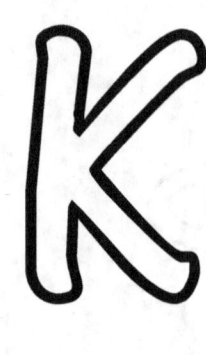  KOALA

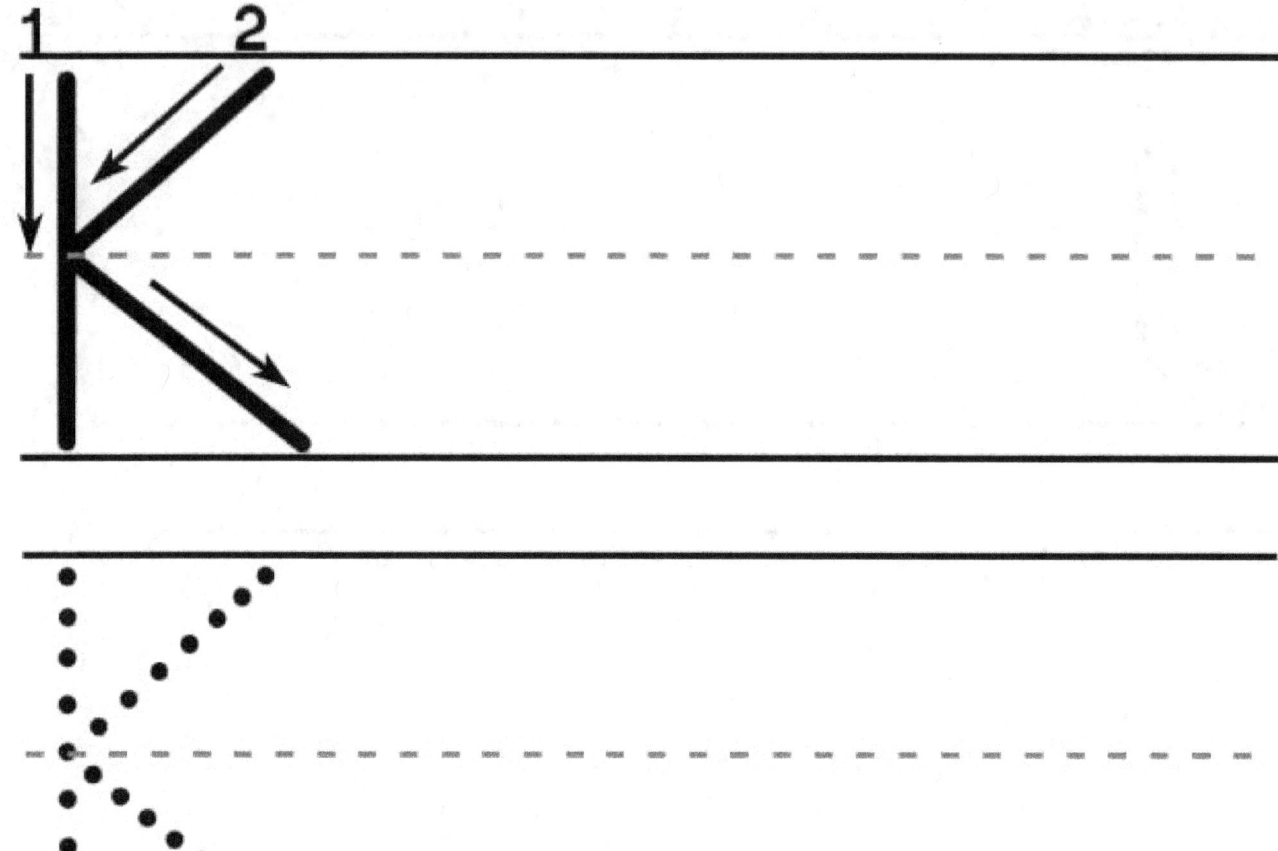

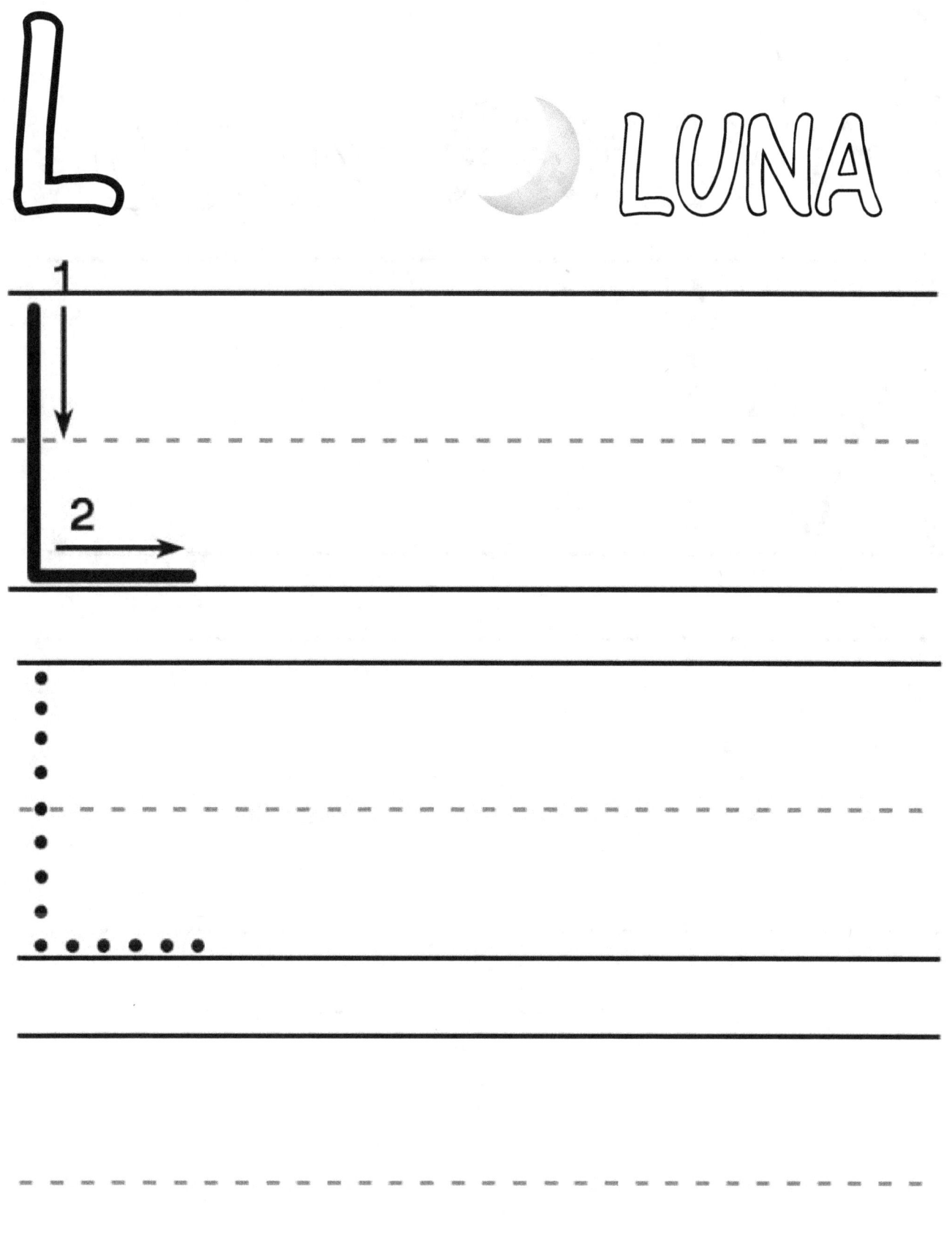

N NAVE

O OCA

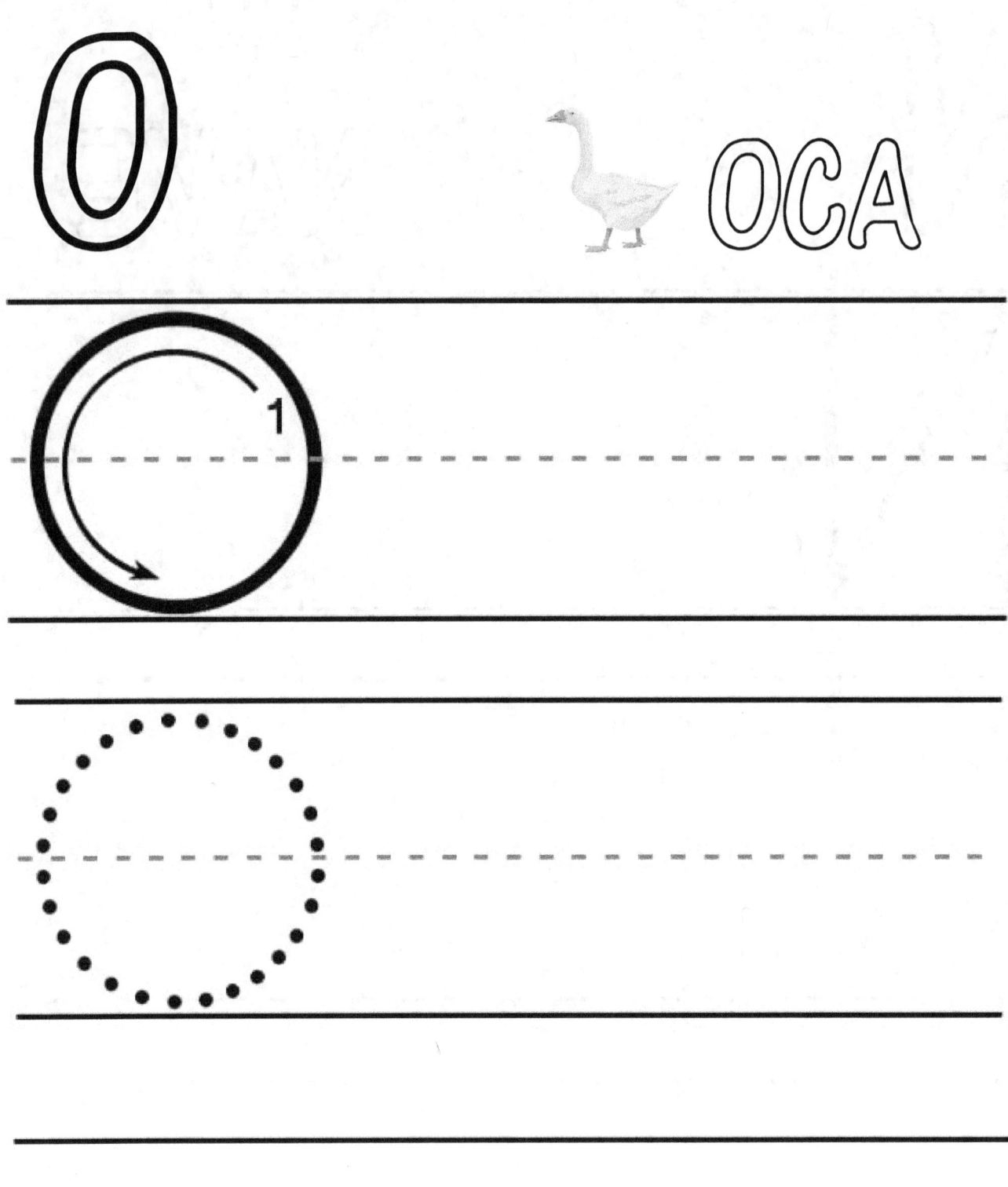

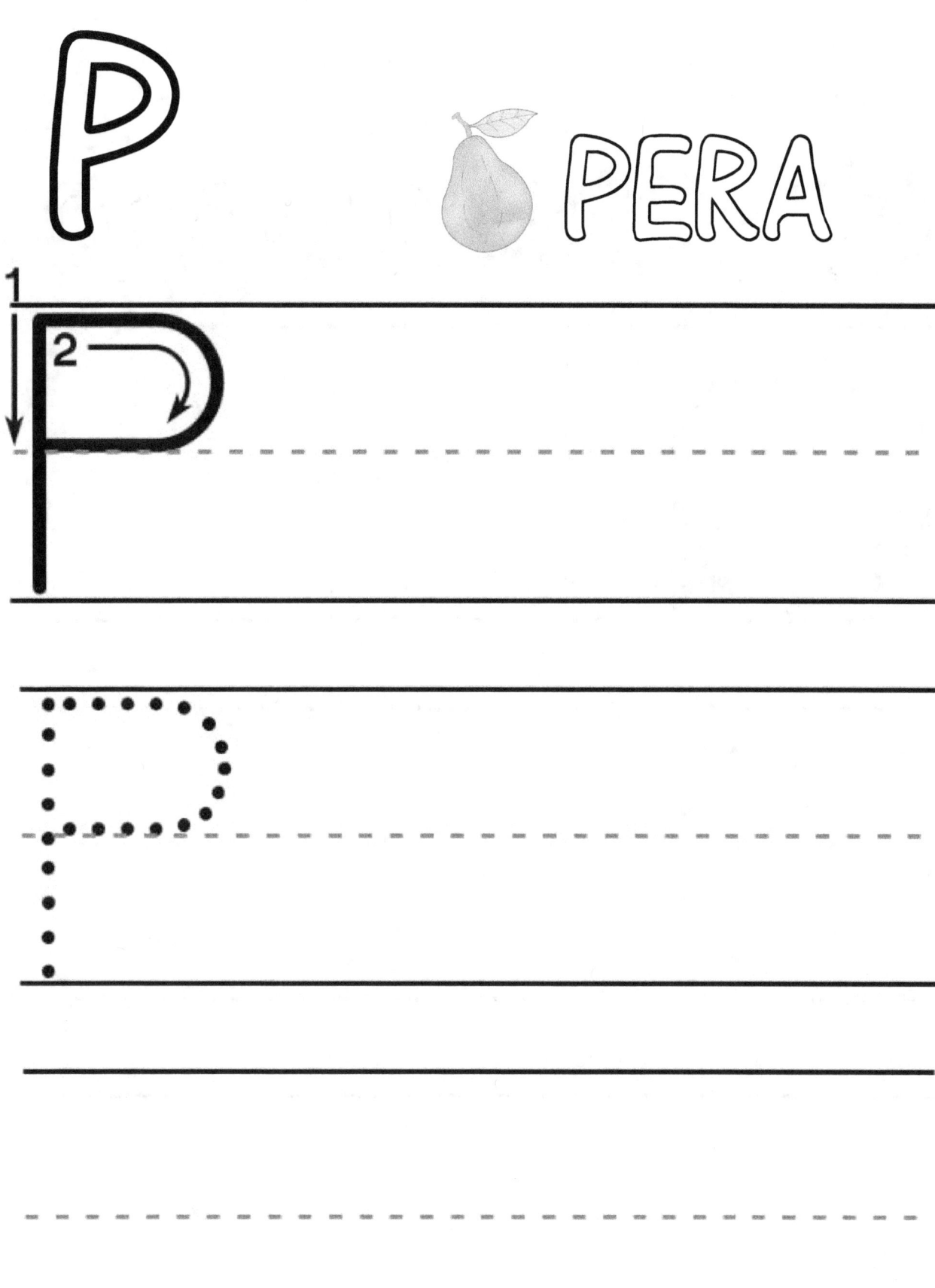

  QUADRO

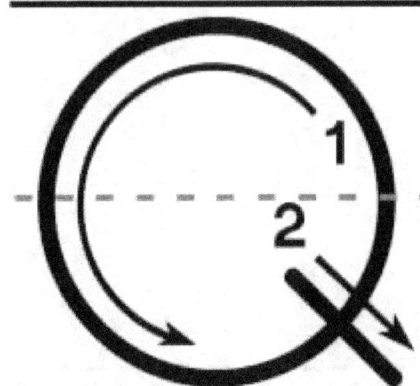

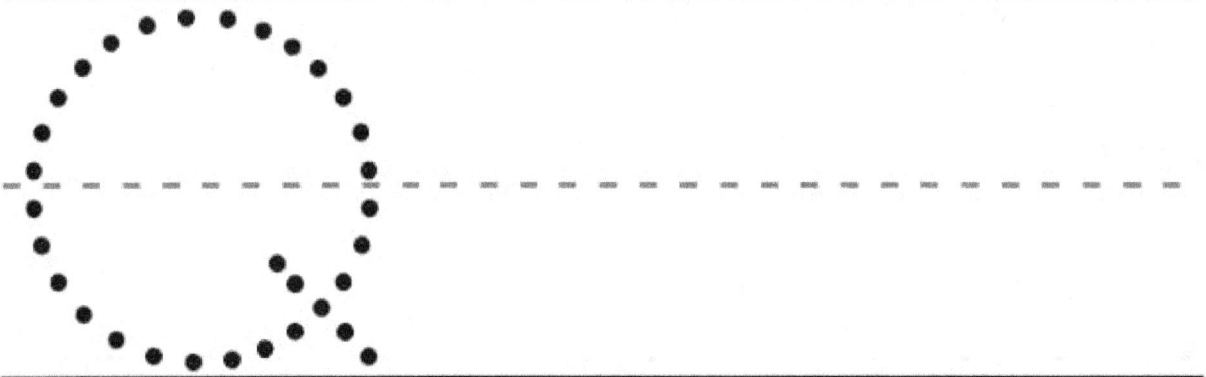

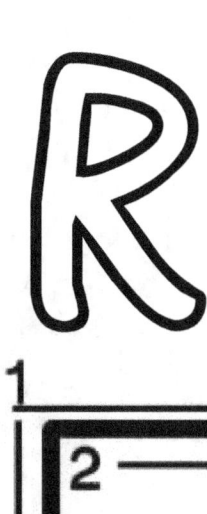  RUOTA

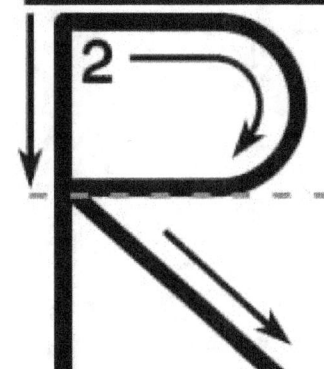

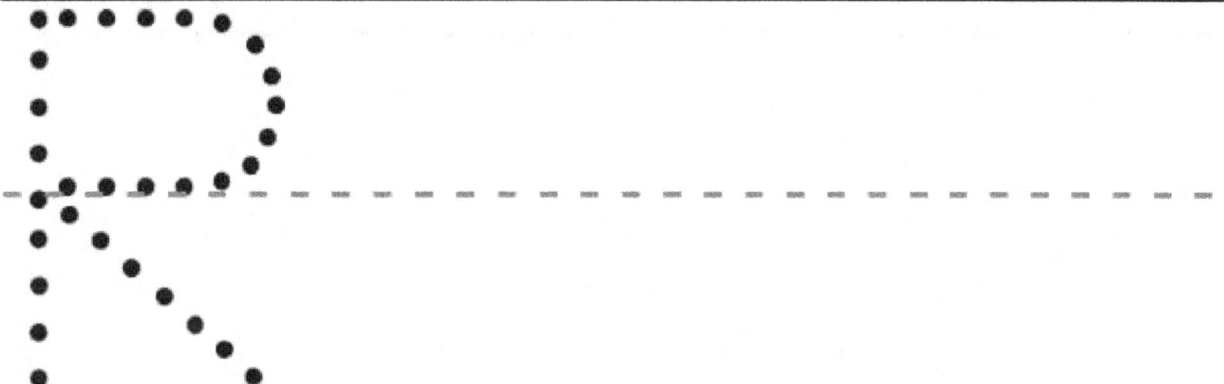

S  SOLE

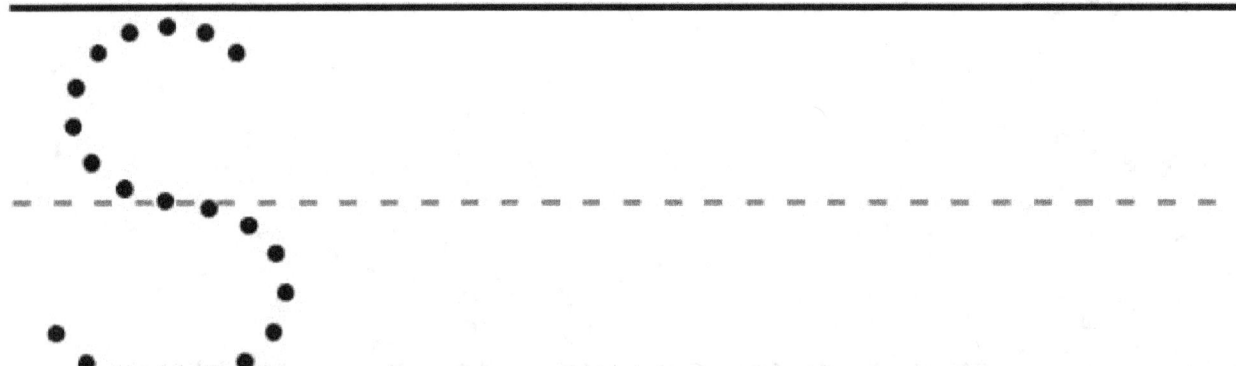

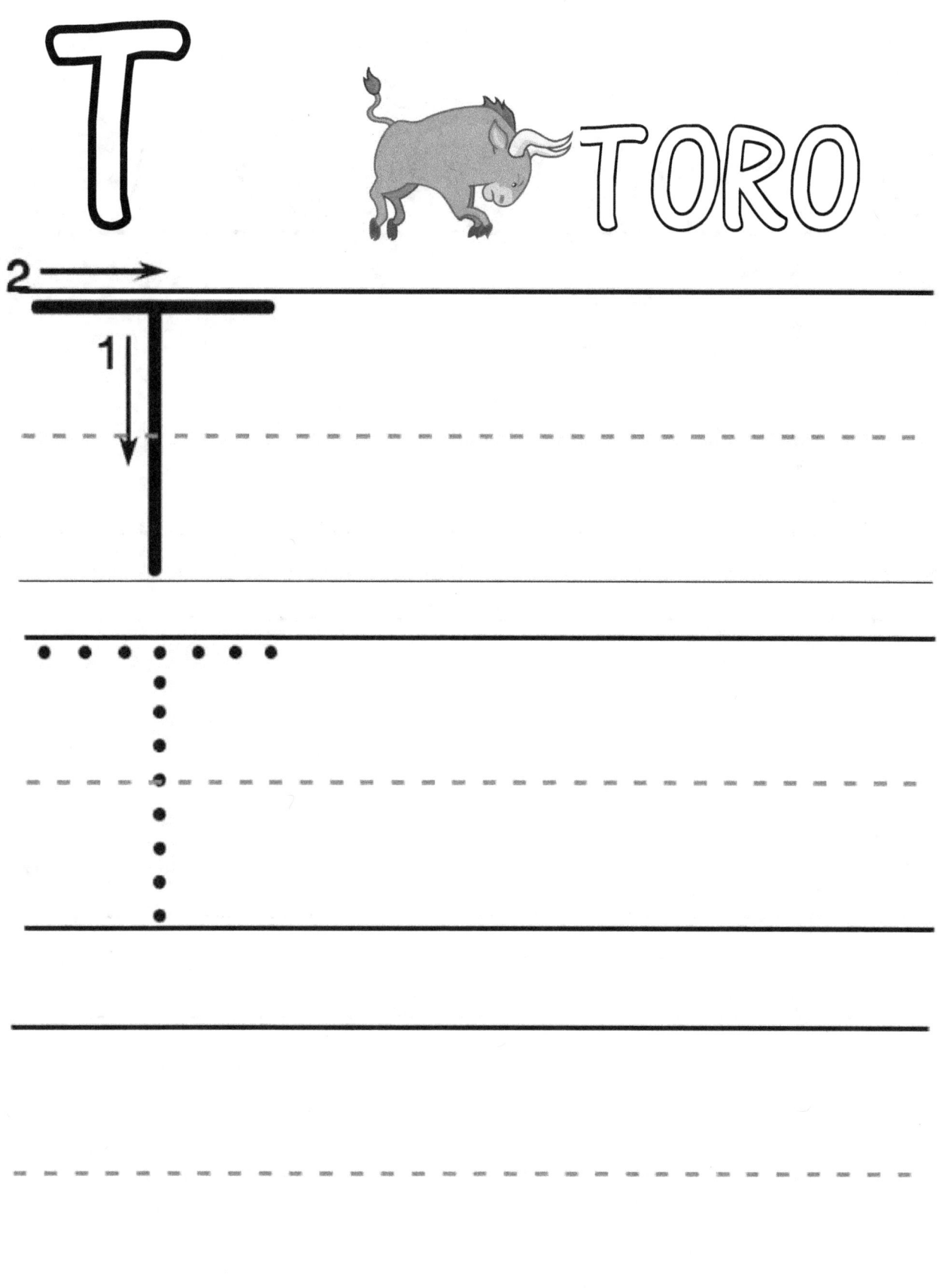

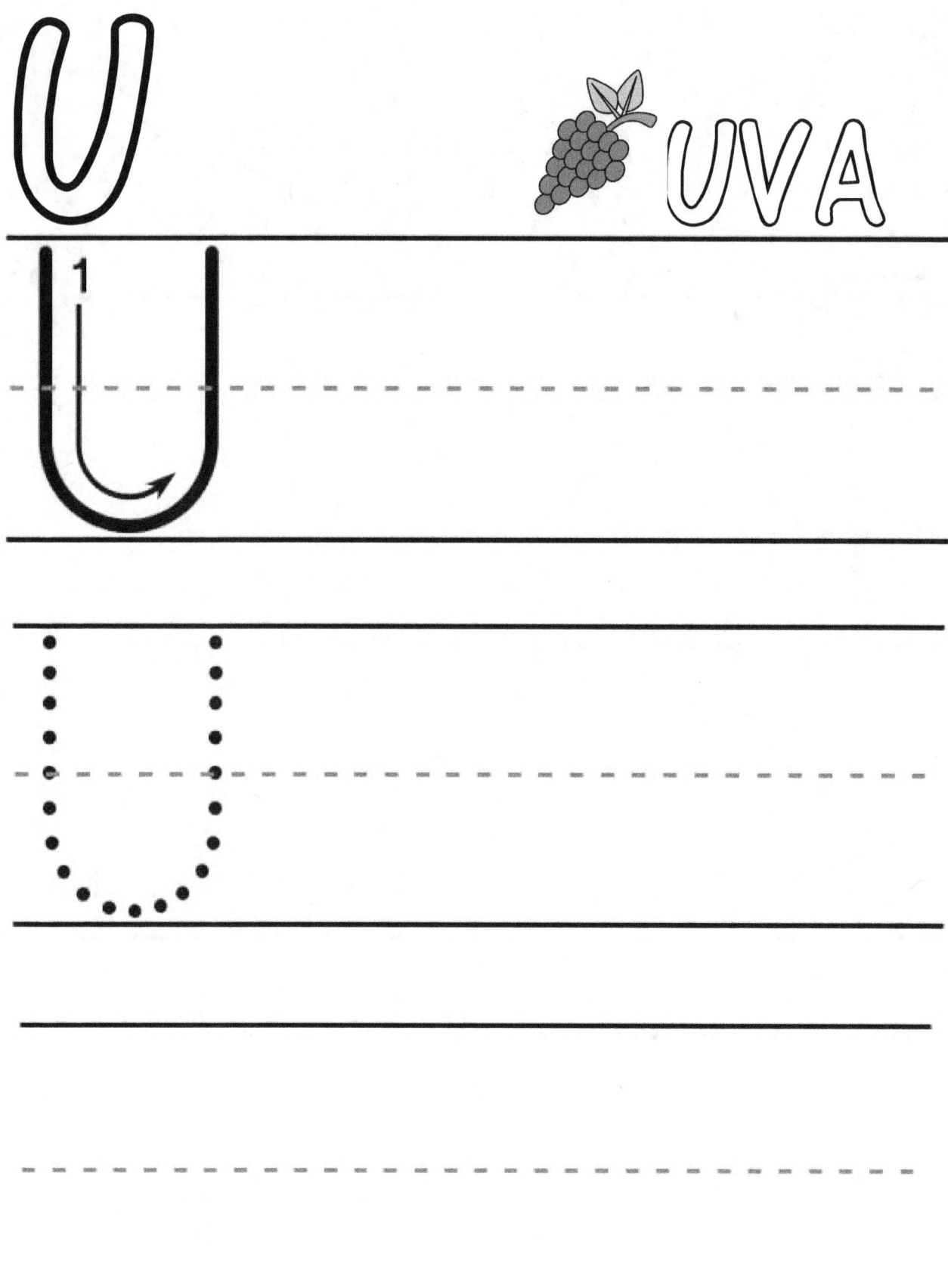

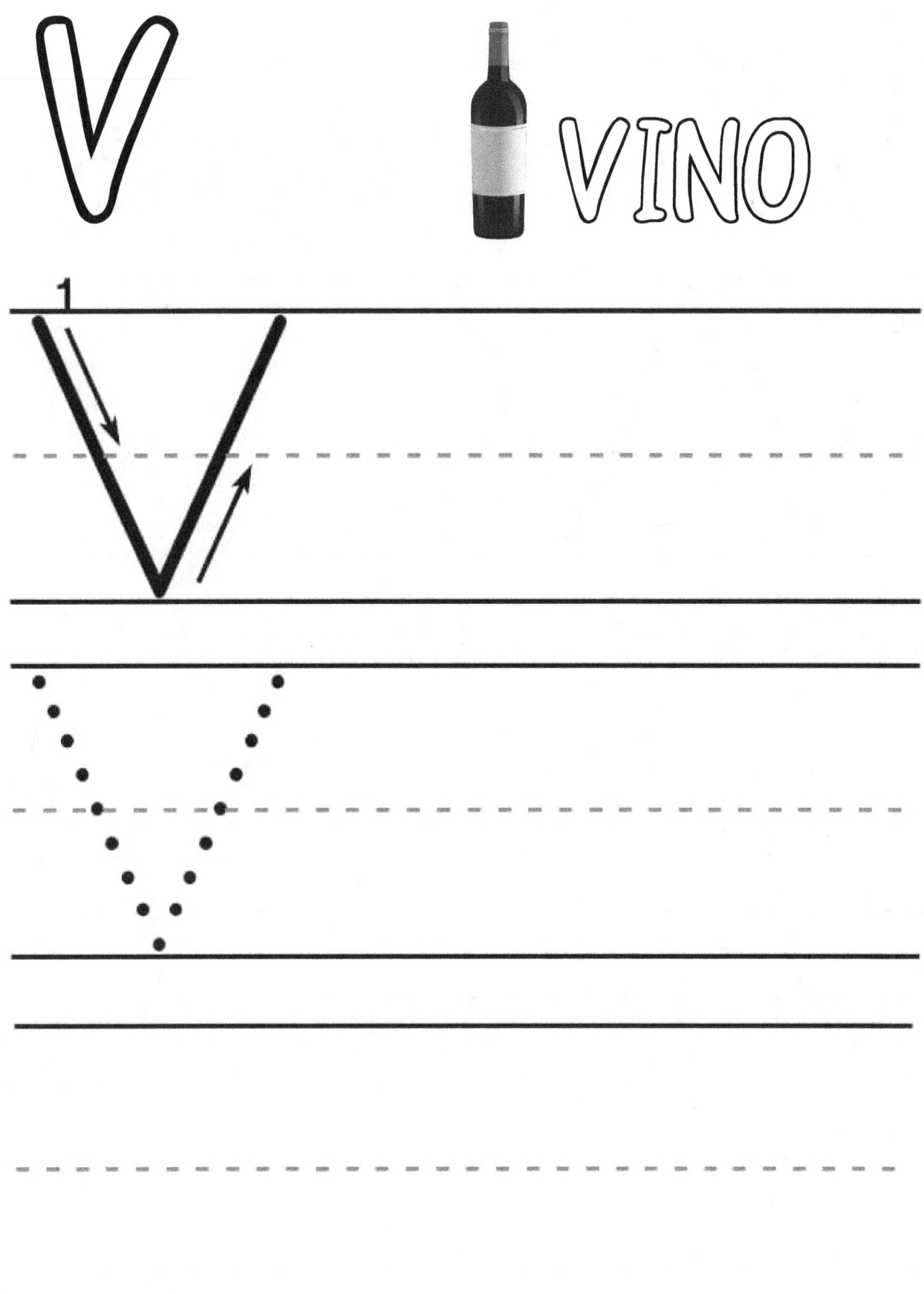

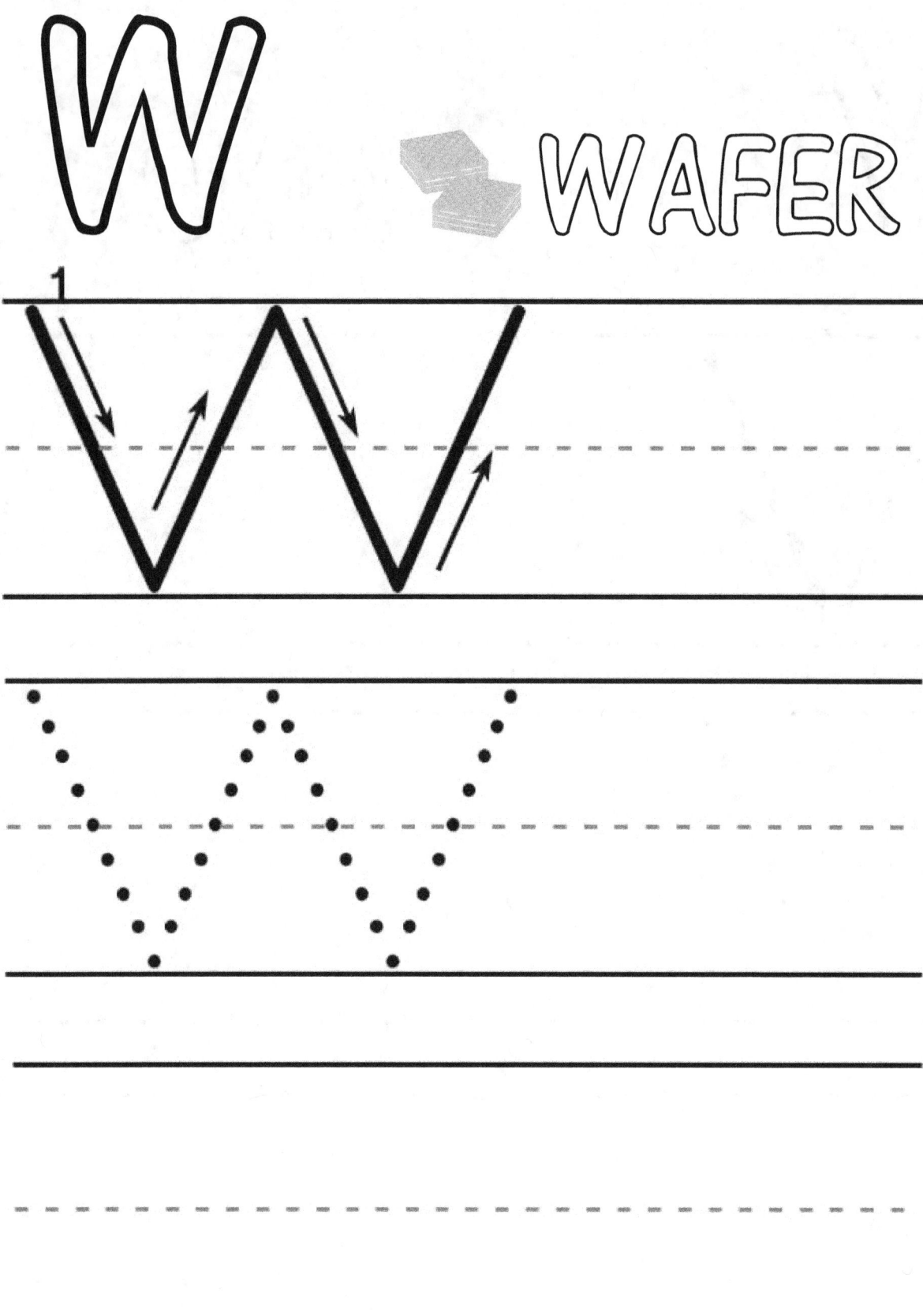

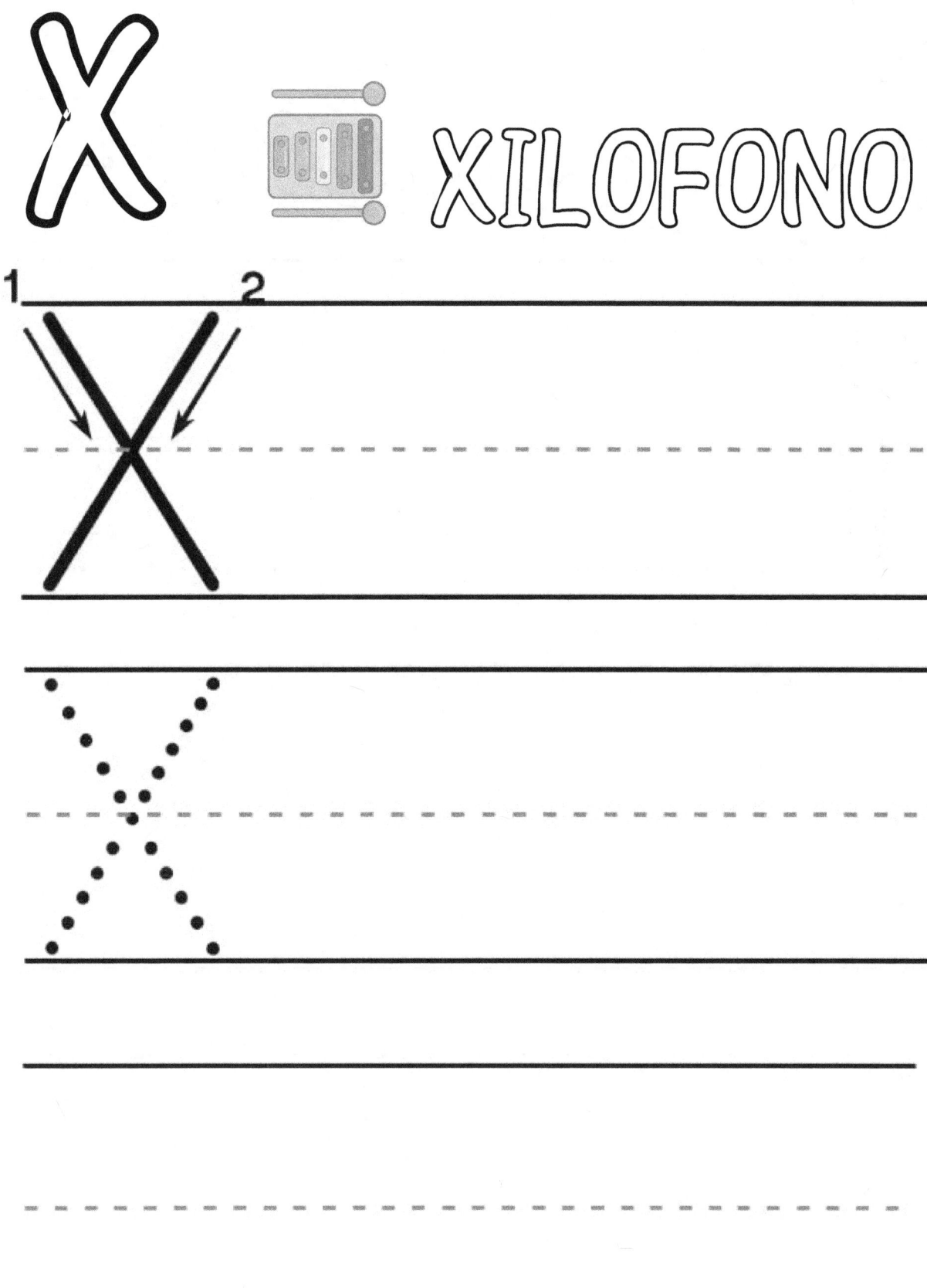

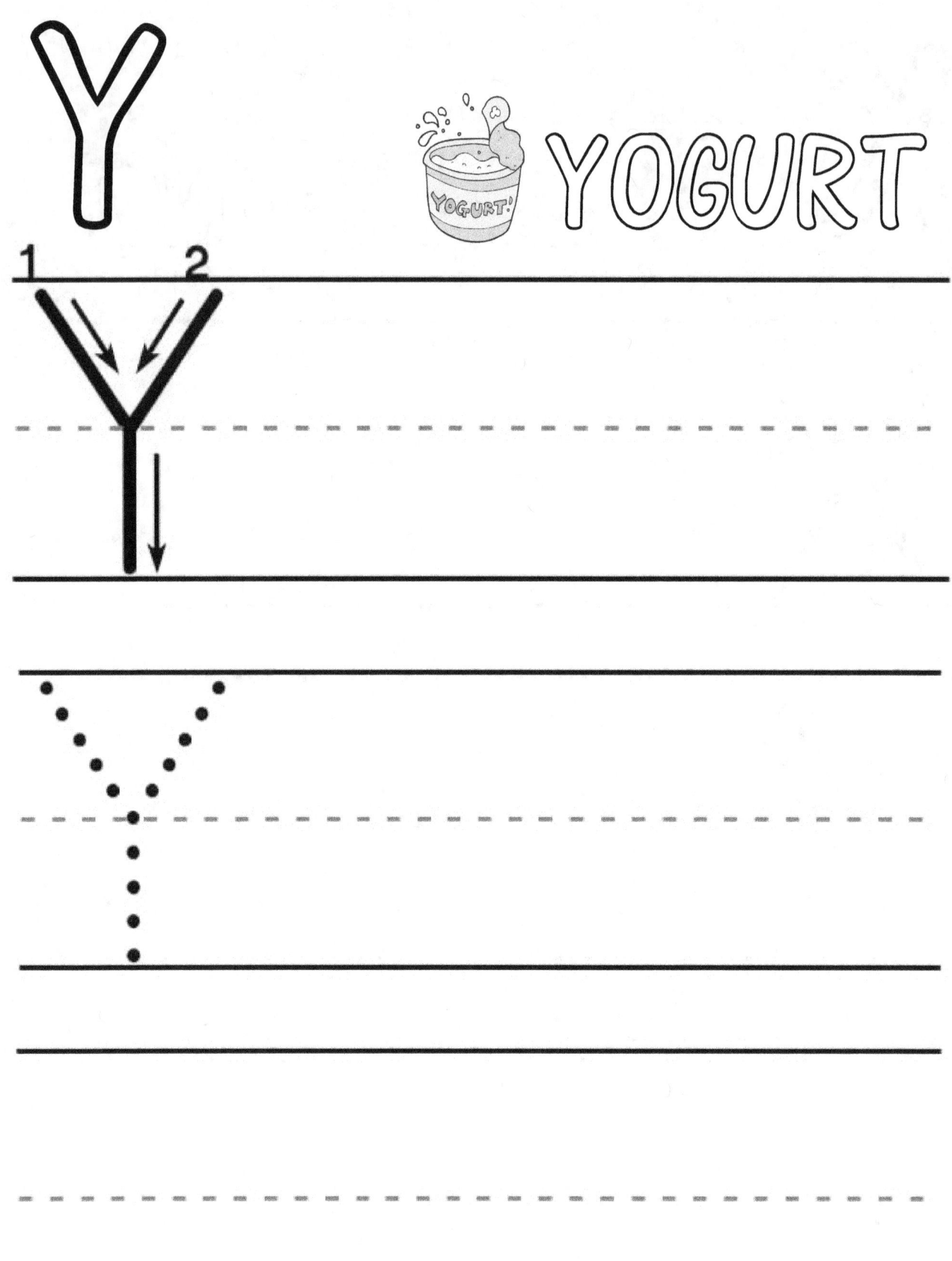

Z

 ZUCCA

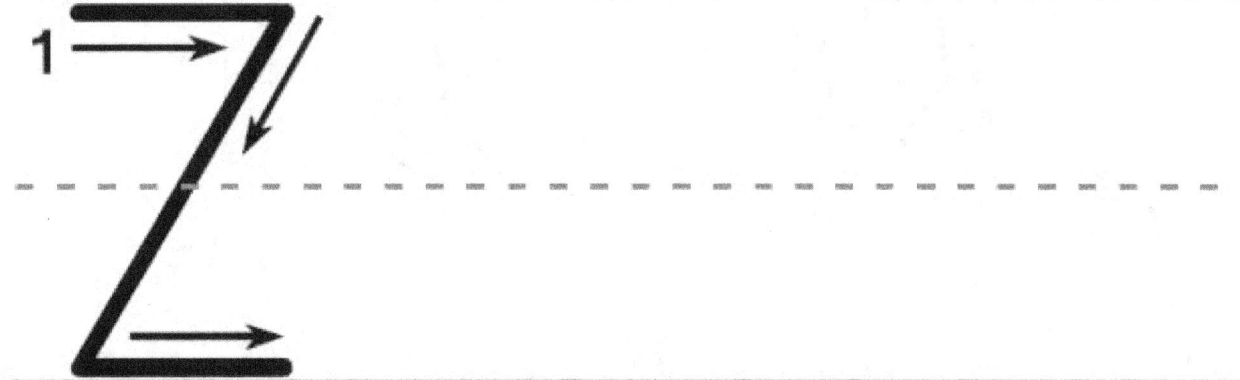

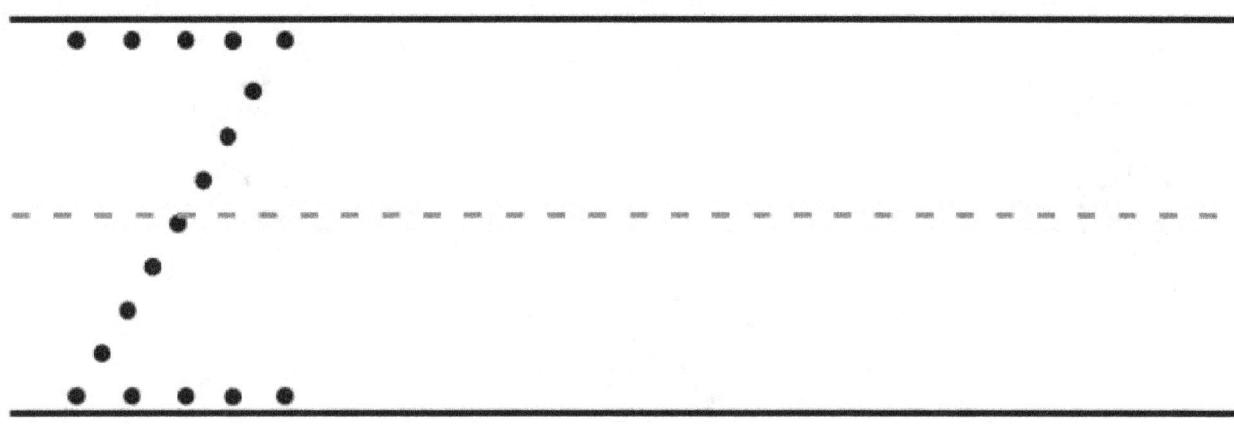

COLORA I NUMERI

10   3

1   4   8

8   2

5

9   6

7

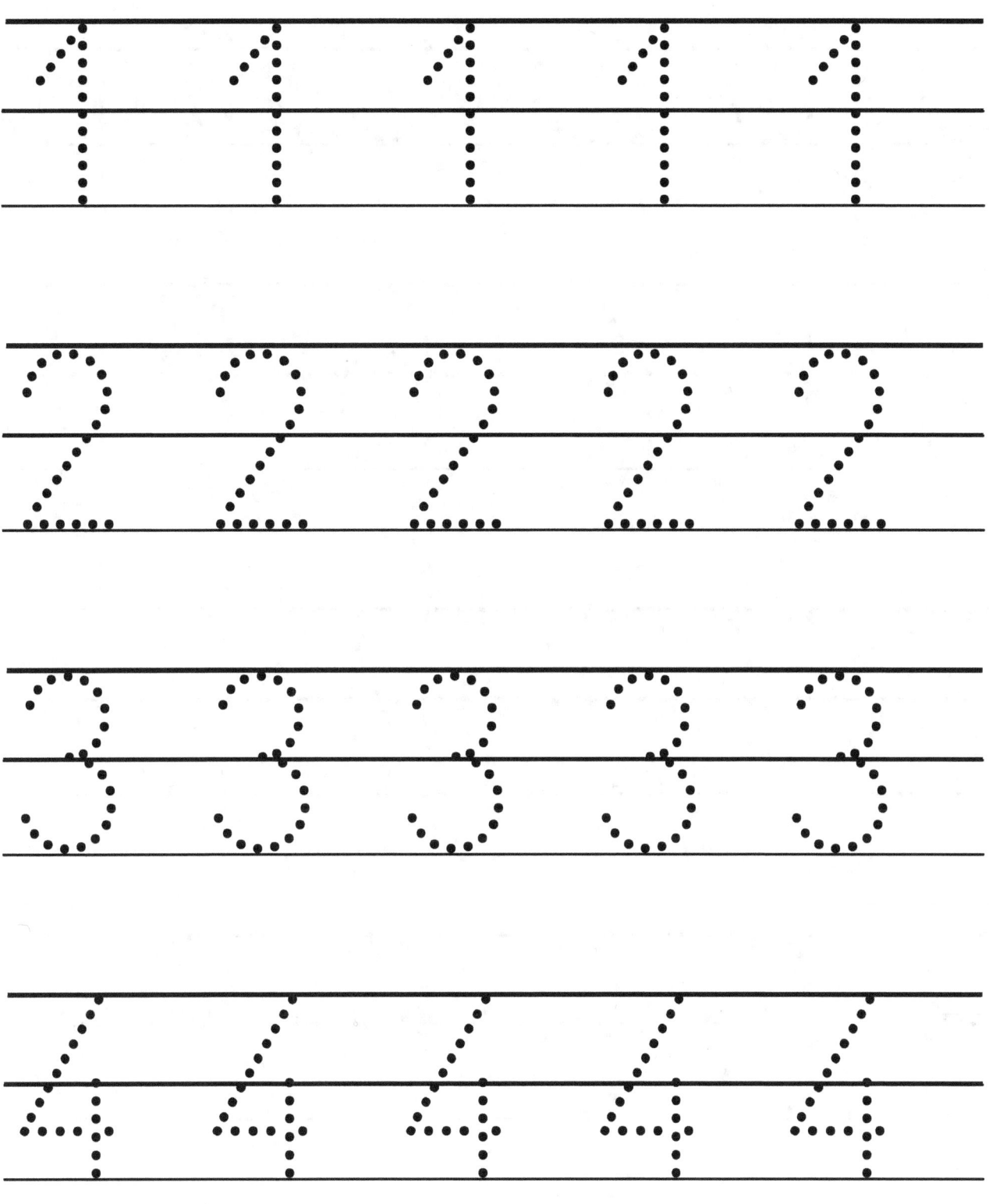

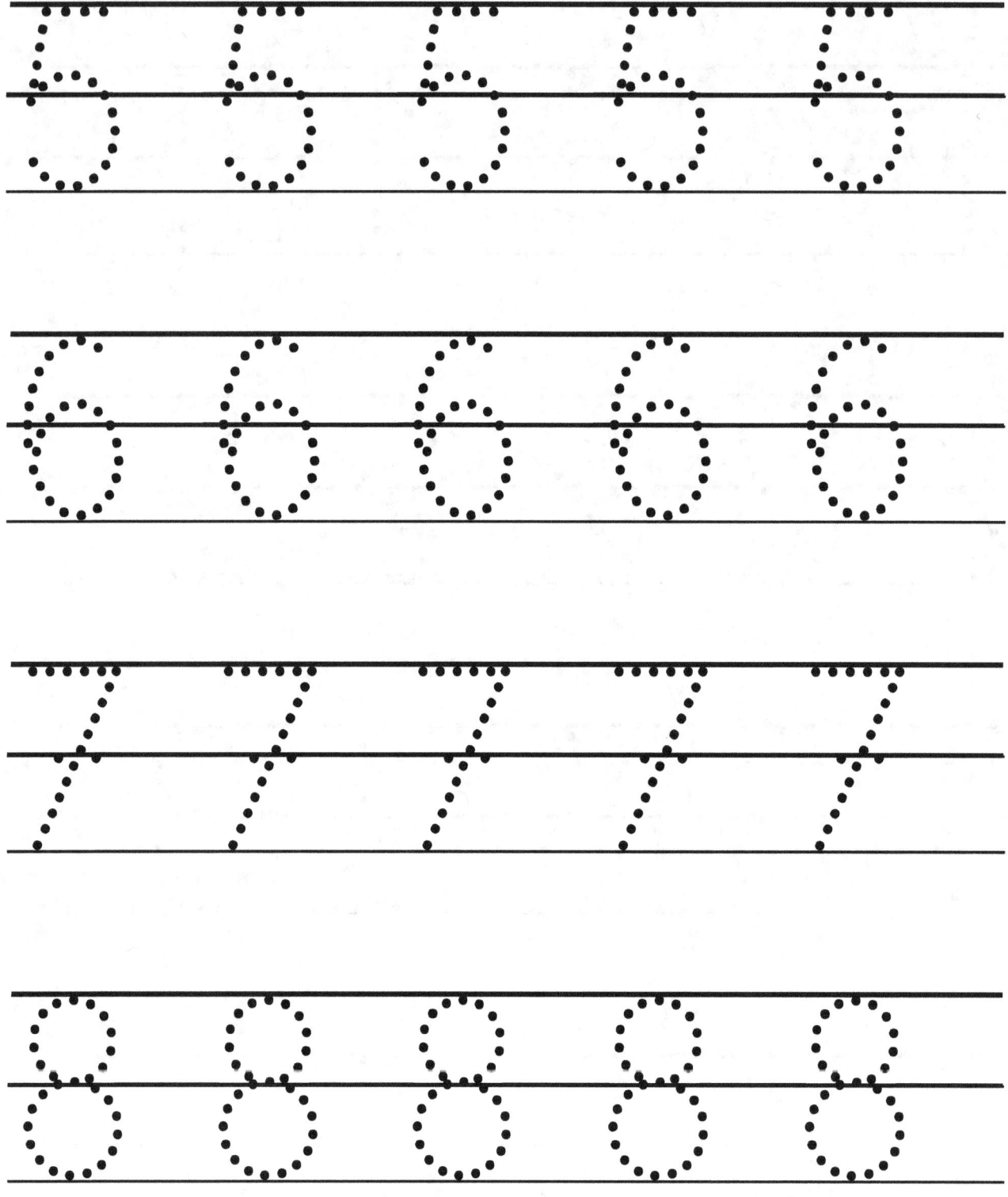

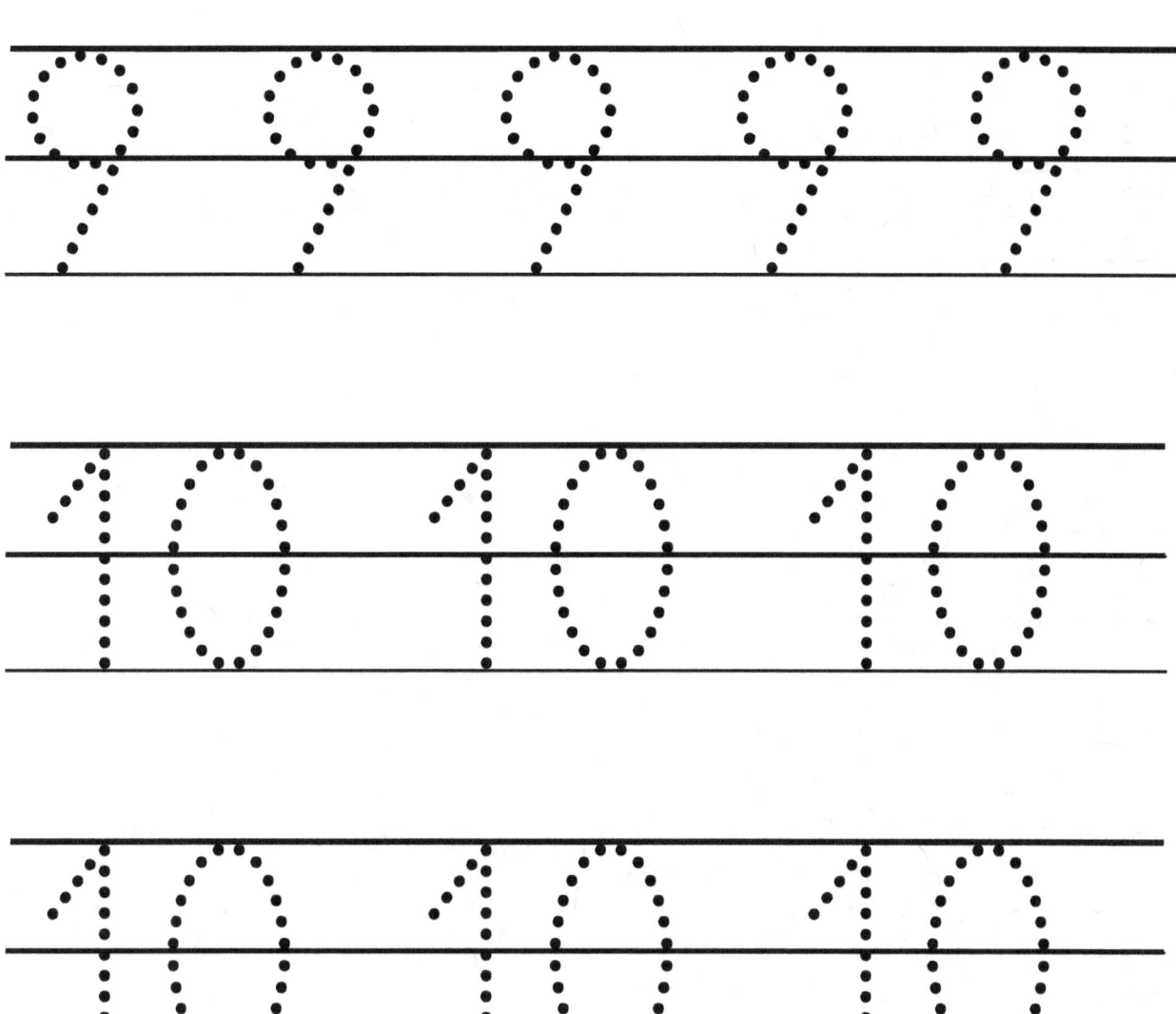

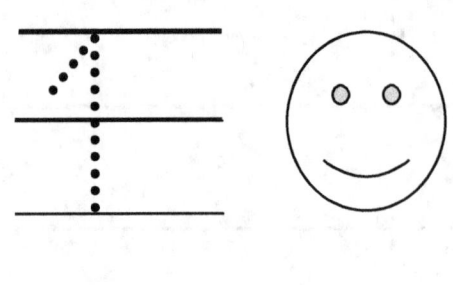

ORA PROVA A SCRIVERE IL TUO NOME

E QUANTI ANNI HAI...

© **Luna Editrice**
Tutti i diritti riservati, è vietata la riproduzione anche parziale.